Arquitectura Natural
el placer de vivir en armonía

Natural Architecture

the joy of living in harmony

autores / authors

Fernando de Haro & Omar Fuentes

diseño y producción editorial / editorial design & production

AM Editores S.A. de C.V.

dirección del proyecto / project managers

Edali Nuñez Daniel & Tzacil Cervantes Ortega

coordinación / coordination

Laura Mar Hernández Morales

texto original / original text

Luis Mariano Acévez

traductor / translator

Louis Loizides

Arquitectura Natural el placer de vivir en armonía
Natural Architecture the joy of living in harmony

AM Editores S.A. de C.V. Paseo de Tamarindos # 400 B suite 102,
Col. Bosques de las Lomas, C.P. 05120, México D.F.
Tel. 52(55) 5258 0279 Fax. 52(55) 5258 0556.
ame@ameditores.com www.ameditores.com

ISBN Español 978-607-437-048-5
ISBN Inglés 978-607-437-052-2

Impreso en China. Printed in China.

EDITORES

contenido | *contents*

El diálogo de la arquitectura con la naturaleza

Porque somos parte del mismo planeta frágil y errante, pleno de sorpresas y enigmas, de abrazos y bondades pero también de amenazas y sucesos inesperados necesitamos comprender el lenguaje que habla la naturaleza. Solo así podemos relacionarnos armónicamente con ella. Nuestra tierra vive, tiembla y respira constantemente; envuelta en huracanes y tormentas sostiene bosques, mares, hielos y desiertos, renovando prodigiosamente la vida en miles de especies. Que los humanos no somos sus dueños soberanos lo sabemos de sobra: el planeta sufre las consecuencias de la irresponsable carrera emprendida en nombre de un progreso ilusorio.

El trabajo de los arquitectos consiste en crear espacios que tengan significado para la vida de quienes los habitamos. Su genio se manifiesta al ofrecernos la posibilidad de vivir en armonía integral: con el lugar, con el paisaje; armonía con otros seres humanos; armonía con nuestro propio interior, con nosotros mismos. La buena arquitectura es aquella que sabe albergar nuestros temores y nuestras inquietudes, nuestros amores y nuestros sueños, nuestros afanes y toda nuestra vida, breve y delicada, para concurrir a darle un sentido profundo.

Cuando la arquitectura nace en un entorno urbano, responde a las construcciones vecinas, a la calle y a la plaza, al parque, a los ejes y los monumentos, al devenir de pueblos y ciudades. Tiene que considerar formas, sonidos, aromas, colores, luces, texturas y movimientos, que no son similares a lo que acontece en el entorno natural. Cuando la arquitectura aparece en ese entorno natural hija de un paisaje determinado, enfrenta demandas que pertenecen a otro universo con otras condiciones: el cielo, las nubes, el sol, la luna y las constelaciones; valles, laderas y cúspides, ríos, lagos y hondonadas; mesetas, acantilados, colinas, crestas y bosques, playas, rocas y farallones…

La arquitectura asentada directamente en la naturaleza tiene un impacto insoslayable, porque aparece como un objeto aislado, contrastando su presencia como obra humana en el paisaje natural. Corre el riesgo de atentar contra el llamado genius loci o "espíritu del lugar", ignorándolo, silenciándolo o destruyéndolo. En cambio, si es buena arquitectura, lo descubre y lo revela, traduciéndolo en un significado comprensible, que aporte a la vida cotidiana de sus habitantes una experiencia estética capaz de transformarlos interiormente. Las obras que se presentan aquí son ejemplos de la capacidad que tienen sus arquitectos para dialogar respetuosamente con la naturaleza. Para cantar con ella al contar con ella. Y para hacernos cantar también a quienes disfrutamos de sus creaciones.

INTRODUCTION

The dialog between architecture and nature

We need to learn nature's language because we live on the same fragile and erratic planet, home to so many surprises and mysteries, hugs and goodwill, but also threats and the unexpected. Only by doing this will we be able to live in harmony with nature. Our world lives, pulsates and breathes all the time; beneath the bombardment of hurricanes and storms spring forth forests, seas, ice caps and deserts, as well as a myriad life forms in constant renewal. We are in no doubt whatsoever that humans are not its exclusive owners: planet Earth is reeling from the consequences of a mindless pursuit undertaken in the name of an illusory form of progress.

The task of architects is to create spaces that play a meaningful role in the lives of their occupants. The art of their trade can be appreciated when they offer us the chance of living in absolute harmony with the place, with the landscape, with other human beings, with our inner beings and with ourselves. Good architecture is capable of housing our worries and woes, as well as our loves and dreams, the things that make us tick and all our lives, brief and delicate as they may be, to provide a sense of profoundness.

Architecture in urban settings will respond to neighboring buildings, the street and the square, the park, avenues and monuments, the evolution of villages, towns and cities. It needs to take stock of shapes, sounds, aromas, colors, lights, textures and movement, which are very different from what happens in the realm of nature. The challenges posed by architecture in a natural setting defined by a given landscape pertain to a totally different universe, one that comprises the sky, clouds, the sun, the moon and the constellations, valleys, the slopes and tops of mountains, rivers, lakes and ravines, plateaus, cliffs, hills, crests and forests, beaches, rocks and steep rock faces…

The impact of architecture created within the confines of nature is undeniable because it stands as an isolated object whose human origins contrast sharply with the surrounding natural landscape. It runs the risk of violating the genius loci or the "spirit of the place", disregarding it, silencing it or even destroying it. If, on the other hand, it is good architecture, it will unveil it and afford it new meaning through its day-to-day contribution to its inhabitants of an esthetic experience that can transform them on the inside. The work presented here provides examples of the ability of architects to engage in respectful dialog with nature, to both sing and grow with it, and to inspire those of us blessed by their creations to sing along too.

mar | sea

"De una palmera salen altas sonrisas y en el agua sonríe la tristeza."

(Carlos Pellicer, Reincidencias)

Casas frente al mar

En nuestra vocación humana está inmersa la sed de asomarnos al mar para maravillarnos una y otra vez ante su incansable danza, ante su inmensidad, su enigmática vida profunda y su belleza siempre nueva. Fuente de vida para cuerpo y alma, el mar cuenta historias fantásticas. Despierta formidables pasiones: fue el sueño de Colón, Magallanes y Vasco da Gama, hombres de mar que cambiaron al mundo. Sus colores y el aroma de la sal, el murmullo que alisa las playas o su estruendo contra el acantilado, la brisa y las estrellas sumergiéndose por la noche, forman un escenario que nunca se repite. Nos recuerda el incesante paso del tiempo y lo que eso representa en nuestras vidas. El mar puede ser amigo cercano, cómplice, amante dulce o tumba insondable. Su seducción es irresistible.

Para la arquitectura constituye un hermoso desafío. El mar provoca un azoro inocultable y se basta a sí mismo para mantenernos largo tiempo embelesados. Como el fuego, también subyuga y retiene. En cualquier circunstancia, ya sea frente al fuerte oleaje, frente al agua calmada, a una bahía protectora, una playa serena o un farallón, la arquitectura está obligada a consentirnos con el deleite de mirarlo sin descanso, hipnóticamente.

El mar tiene innumerables formas de encontrarse con la tierra. Lo hace áspera o suavemente, sobre un lecho de guijarros o de arena; puede arrojarse con fuerza contra murallas de roca, bañar al desierto o fertilizar la selva; puede ser helado o tibio, puede negar o invitar a la navegación.

Ante tan ricas variantes, la arquitectura encuentra su lugar respondiendo con un juego inteligente y sensible. Juega a esconderse y a mostrarse entre la vegetación, a domesticar la grandeza del mar enmarcándolo en ventanas, juega a reflejar sus luces y a convertir en espejo inmóvil su inmensa e inquieta planicie. Frente al mar, la arquitectura puede ser suave Celestina conduciéndonos de la mano hasta su orilla, para recibir en los pies el beso de la ola o hacernos levantar alto la mirada para lanzarla lejos y vivir la ilusión de la inmortalidad, aunque sólo sea por unos instantes.

Frente al mar, la buena arquitectura nos hace crecer, nos da una estatura mayor y una presencia más firme, al tendernos una plataforma sólida para ponernos de pie y al poner una cubierta protectora para poder contemplarlo desde ahí. Para compartir el asombro respetuoso que es, a veces, una suerte de silencioso temor frente a su grandeza.

"High smiles emerge from a palm tree while sadness smiles in the water."

(Carlos Pellicer, Reincidencias)

Homes on the seafront

An insatiable urge we share as humans is to turn to the sea to be mesmerized time and time again by its tireless motion, its immensity, its enigmatic deep life and its ever-renewed beauty. The sea is the source of life for body and soul, as well as for tales of wonder. It arouses powerful passions: it was the stuff of dreams for Columbus, Magellan and Vasco da Gama, men of the sea who changed our world. Its colors and salty aroma, the beach-smoothing rumble or its crashing against the cliffs, the breeze and the stars plunging into its depths at night create a setting that will never be repeated. It recalls the relentless onward march of time and the effect of this on our lives. The sea can be a close friend, accomplice, sweet lover or bottomless grave. Its seductive allure is irresistible.

This is a very welcome challenge for architecture. The sea's captivating azure tones cannot be concealed. Like fire, they also dominate and captivate the viewer. Whatever the circumstances, be they faced by pounding waves or by still waters, a peaceful beach or rugged rocks jutting out of the sea, the task of architecture is to treat us to a view we simply can't take our eyes off.

Sea and land meet in many different ways. This coming together can be rough or smooth, on a bed of pebbles or sand; the sea may hurl itself furiously at walls of rock, bathe the desert or fertilize the jungle; it can be frozen or warm, it can entice or halt navigation.

Given this broad array of variants, architecture needs to be both intelligent and sensitive to rise to the occasion. It plays hide-and-seek among the vegetation; it seeks to tame the vast seas by framing them in windows; it reflects its lights and turns its huge and restless surface into a fixed mirror. When confronted by the sea, architecture may be gentle Celestina being led by the hand to the shore to have her feet kissed by the waves or to raise our gaze and peer far enough to glimpse the illusion of immortality, albeit for a brief instant or two.

When confronted by the sea, good architecture allows us to grow; it makes us taller and strengthens our presence by providing us with a solid platform to stand on and raise a protective cover from under which we can contemplate it. It allows us to feel awe-inspiring respect which is sometimes a form of silent dread at its grandiosity.

BEACH HOUSE

Las pérgolas hechas con ramas como marimba al viento y con troncos que parecen estar vivos, invitan a la naturaleza a introducirse al espacio de la casa. Con ella entra su voz y su canto: nos sentimos inseparables del mundo y responsables de cuidar y mantener por siempre su belleza.

Sunbathing areas made with branches like a xylophone for the wind to play and trunks that seem to be alive make nature a welcome guest in the home. They set the stage for her to come in singing: we feel at one with the world and responsible for looking after its beauty forever.

miradas
looks

La casa repite la gama de color propia de la naturaleza combinando armónicamente pisos, piedra, columnas, ramas, palapa y muebles.

The house echoes the color scheme of nature itself through its balanced combination of floors, stone, columns, branches, beach hut and furniture.

En un derroche de tonalidades, la gama de los azules no tiene fin ni tiene nombre propio. Habría que inventar adjetivos para cada uno de esos tonos que despliega la naturaleza en el cielo, en el mar y en la costa, cuando la arquitectura los refleja y los contiene sabiamente.

In this explosion of tones, the endless range of blues defies description. We would need to invent new adjectives for each tone displayed by nature in the sky, in the sea and on the coast when they are wisely reflected and contained by architecture.

Los mares tropicales llaman a estar en el exterior y a desarrollar ahí buena parte de la vida diaria. La bendición del clima se traduce, en estas casas frente al mar, en una secuencia de espacios que es como una escala musical de extraordinaria riqueza: va desde los asoleaderos, las terrazas exteriores y terrazas protegidas, hasta los espacios bien cubiertos y sin muros. El protagonista principal es el mar. Estas casas lo asumen así y le rinden el mejor de los homenajes provocando distintas maneras de contemplarlo y gozarlo.

Tropical's coastlines are an irresistible invitation to spend a lot of time outdoors everyday. In addition, the wonderful weather turns these beach houses into a sequence of spaces akin to an exceptionally pleasing musical scale, which begins in the sunbathing areas then goes on to the open and covered terraces before reaching covered spaces with no walls. The lead role is performed by the sea. These houses are built with this in mind and offer, by way of the finest possible tribute, a number of different ways of contemplating and enjoying it.

Esta es una ladera natural: terreno inclinado, quebrado y rocoso, volteado al mar con una vegetación exuberante y extraña. Hay cactus como nostalgia del desierto, palmeras, mezquites y otras plantas tropicales. Los arquitectos enfrentaron una disyuntiva: integrarse orgánicamente al terreno, aprovechando sus desniveles y sus arrugas o contrastar abiertamente con la naturaleza. El resultado es una casa con los ojos muy abiertos al mar, ceñida a la ladera, adaptándose respetuosamente a su forma y convirtiendo a las rocas en un espléndido primer plano. Gana la arquitectura, y gana la naturaleza.

This is steep, jagged and rocky terrain on a natural slope facing the sea with vegetation of a weird and wonderful lushness. There are cactus plants as envoys from the desertw, palm and mesquite trees, as well as other tropical plants. The architects found themselves up against a dilemma: should their work merge organically into the land, making the most of its different levels and contours, or should it openly contrast with nature. The result was a house with a great view of the sea, following the slope tightly, adapting itself respectfully to its features and transforming the rocks into a wonderful foreground. The architecture wins, nature wins.

saborear
tasting

Es invisible pero está presente. Del mar viene la brisa, el aroma de la vida, el rumor de las olas.

It's invisible but it's there. From the sea comes the breeze, the fragrance of life, the rumbling of the waves.

Para domesticar a la naturaleza es indispensable conocerla, amarla y descubrir formas de dialogar con ella, dejándola ser. Así se diluyen los límites. La bunganvilla desborda flores hacia la mesa y la sombra de las ramas atestigua el canto del agua, que se deja transformar en caricia para los ojos.

If you want to tame nature, first you need to know it, love it and find ways of conversing with it by letting it be. This is how you get rid of limitations. The bougainvillea almost spills over onto the table while the shade afforded by the branches transforms the relaxing sound of water into a visual treat.

pasar
passing

Arquitectura verdaderamente natural es aquella envuelta y fundida con plantas y flores. La que vive la vida de la naturaleza.

Truly natural architecture is wrapped up and fused in plants and flowers and lives the life of nature.

guardar
keeping

La mirada velada y los pasos contenidos preludian sorpresas y descubrimientos gozosos, algo parecido a una nueva creación del mundo.

Veiled glances and contained steps pave the way to enjoyable surprises and revelations, something akin to a new creation of the world.

Existe lo natural porque simultáneamente existe lo artificial, aquello creado por la mente y realizado por la mano del hombre. No entenderíamos el significado del medio ambiente sin nuestra presencia, nuestra caricia o nuestra intervención tan frecuentemente equivocada. Hemos aprendido sobre la propia condición humana al pagar el precio de nuestros errores frente a la naturaleza. Estas casas nos hacen reflexionar porque muestran, sobre todo, que es posible vivir en armonía con la tierra, con el cielo y el mar, disfrutando del ocio y del reposo mientras mejoramos al mundo.

The natural world exists because, at the same time, there is also an artificial world, which is devised by the human mind and crafted by human hands. The environment would be a meaningless concept to us without our presence, our caress or our often misguided intervention. We have learned about the human condition by paying the price of our erroneous ways with nature. These homes oblige us to reflect because they show, more than anything else, that we really can live in harmony with the land, sky and sea, enjoying our rest and leisure time while we improve the world.

BANA
BRASIL - 2007

proteger
protecting

Rodeada por la selva. Viva, más que animal y aún más que algo solamente humano, la casa es un inesperado hallazgo.

The house, submerged deep in the jungle, alive, more than animal yet also more than something merely human, is an unexpected finding.

Las veladuras son irresistible tentación para los ojos. Obligan a convertir la vista en mirada. A poner en los ojos y en el corazón el sabroso anticipo del descubrimiento, del placer de la plenitud. Protegen sin excluir. Ocultan para mostrar. Como la niebla, como la cortina natural de la lluvia.

Net curtains are an irresistible temptation for the eye. They convert glances into gazes by seducing the eyes and heart with the delectable anticipation of discovery and the promise of plenitude. They protect without isolating, and hide in order to display, acting like mist, a natural curtain of rain.

sentir
feeling

El agua obediente y quieta hace bajar al cielo para regalar la ilusión de que estamos hechos también de viento.

Calm, reliable water brings the sky down to earth to give us the illusion that we are made of wind.

relajar
relaxing

Saber el mar es mirarlo. Amaneciendo, de tarde y de noche. Tener un lugar para contemplarlo es privilegio de dioses.

To know the sea, you need to watch it at sunrise, during the afternoon and at sunset. A place that allows you to do this is a divine blessing.

Debido al contraste, el paisaje natural significa algo nuevo y poderoso. Las formas precisas y geométricas, los colores y las texturas que son producto de la tecnología contemporánea; cristales templados, plásticos, aluminio y acero inoxidable, madera perfilada y mármol pulido consiguen un propósito doble. Por una parte son expresión del confort, propio de la ciudad, que se disfruta en la casa. Por la otra, siendo objetos artificiales, hacen que la naturaleza se convierta en un fondo que luce con todo su esplendor. Así, la arquitectura dialoga creativamente con su entorno.

Contrast is what affords the natural landscape a whole new meaning. The precise, geometric shapes, the colors and textures produced by modern-day technology tempered glass, plastic, aluminum and stainless steel, shaped timber and polished marble take on a dual role. On the one hand they express the comfort of the city that can be enjoyed at home. On the other, given that these items are artificial, they turn nature into a background notable for its splendor. And this is precisely how architecture converses creatively with its surroundings.

El color complementario de los azules y los verdes del mar es el color de la tierra, el color del barro, saturado hasta acercarlo al tono del fuego. Aquí el frío y el calor son más que sensaciones corporales. Son una verdadera fiesta y un sereno convite para los ojos.

The blue and green tones of the sea are complemented by the color of land, the color of earth, which is so saturated that it takes on a fiery quality. Here cold and hot are more than mere bodily sensations. They are a sensory banquet with a wonderful visual richness.

Al pensar en el mar tenemos inevitablemente, como los primeros habitantes humanos del planeta, una imagen de extensión sin límites. La buena arquitectura frente al mar puede conjurar esa imagen inaprensible. Transforma al mar en un rumor lejano para la siesta o en un espejismo que juega con los ojos.

When we think about the sea, like the first humans on earth, we tend to imagine a limitless extension. Good seafront architecture can conjure up this same image that defies comprehension, transforming the sea into a distant rumble for the afternoon siesta or a mirage to trick the eye.

Los humanos llevamos siempre al horizonte en los ojos y todo lo que vemos se organiza según ese horizonte. Es imposible despojarnos de él para mirar de otra manera. Al bajar y subir, la apariencia completa del escenario, natural o construido, cambia junto con nosotros. Las líneas horizontales aportan una sensación de calma y estabilidad. Recuerdan al horizonte del mar, a las planicies y los valles. Las líneas verticales ayudan a ubicarnos en el espacio. Recuerdan cavernas, árboles y montañas. Todo esto cabe y resuena en una casa, sabiéndolo acomodar.

We have always used the horizon as our visual reference and arranged everything we see in accordance with it. We cannot just do away with it and look at things in a different way. As we go up or down, the overall appearance of the landscape, whether natural or manmade, changes with our perspective. Horizontal lines provide a feeling of peacefulness and stability, reminiscent of the sea horizon, as well as plains and valleys. Vertical lines help us define our location in space, and remind us of caves, trees and mountains. When entrusted to skillful hands, all of this can be made to fit and resonate in a house.

El agua, la luz y el viento, son para la arquitectura materiales tanto como la piedra, la madera, el acero o la palma. Aquí el agua de la piscina es piso, espejo y cielo en la tierra: una ilusión óptica que acerca al mar, lo duerme y lo tiende suavemente.

From an architectural point of view, water, light and wind are as much building materials as stone, wood, steel or palm. Here the water in the swimming pool is a floor, mirror and sky on the ground, providing an optical illusion that entices the sea to come closer before laying it out gently and putting it to sleep.

conversar

conversing

Al atardecer el oro del sol se adueña de la casa. La envuelve anunciando los colores de su próxima despedida.

The golden tones of the evening sun take over the house, wrapping it up in the colors of its forthcoming departure.

lago | lake

"Estaba el viento sentado en una piedra cansado de ser invisible."
(Carlos Pellicer, Reincidencias)

Casas junto al lago

Multitud de culturas en la historia han nacido y crecido en torno a lagos y lagunas. El Imperio Mexica fue verdaderamente notable por su forma de relacionarse con la naturaleza. Su capital, Tenochtitlan, se asentó sobre un complejo sistema de lagos interconectados y la ciudad entretejió su vida con la vida de esos lagos de manera admirable. El acontecer lacustre cotidiano tiende a ser sereno y apacible. Los lagos suelen ofrecer paisajes estables, con los cambios de color y de ambiente propios de las estaciones, pero con perfiles y contornos definidos para el agua y para la tierra. Sin embargo, su comportamiento como "cielo en la tierra", reflejando a la luna, al sol y a las nubes, parece desmaterializar la solidez de los alrededores y agregar una suave sensación de movimiento.

El lago es un centro y tiene el poder propio de todo centro. Esto quiere decir que a su alrededor, según las condiciones de los bordes y riberas, se desenvuelve la vida en muchos quehaceres diferentes volteados hacia el lago y que este invita siempre a recorrerlo, por el agua o por la tierra, para descubrir y redescubrir muelles, embarcaderos, cuencos, estanques, cuevas, árboles y juncos, flores y animales anfibios, peces, reptiles, pájaros. Los sonidos y los colores van convirtiéndose en señales y referencias que permiten saber dónde estamos y a dónde queremos ir. El paisaje se "domestica", es parte de nuestra vida.

La arquitectura que se construye junto al lago hace eco de su serenidad y su quietud y genera espacios propicios para el descanso y la contemplación. Para el encuentro consigo mismo. También nos dispone al encuentro con el agua para el ocio activo: nadar, esquiar, abrir los remos o desplegar las velas al soplo callado del viento. En las noches, el lago es una especie de inmensa plataforma que se mantiene firme, a pesar de ser líquida, haciendo flotar cantos y aromas que recuerdan la proximidad de la vegetación del bosque o de la selva. El ambiente de las casas asentadas junto al lago participa de la vida y del movimiento pausado de otras casas y comunidades que más o menos cerca, también ocupan las riberas.

Aquí, la arquitectura goza de una característica adicional: el saberse parte de un conjunto amplio, suficientemente próximo y suficientemente lejano, en una armonía que envidian las grandes ciudades. Junto al lago reconocemos nuestra escala. Somos más humanos al sabernos parte de esa comunidad lacustre.

"The wind sat on a stone tired of being invisible."

(Carlos Pellicer, Reincidencias)

Lakeside Homes

A great many cultures have arisen and flourished next to lakes and lagoons over the millennia. One of the most remarkable aspects of the Aztec Empire was its relationship with nature. The Aztec capital, Tenochtitlan, sat on a complex network of interconnected lakes, and city life was inextricably linked with the life of these lakes in a very admirable way. Day-to-day lakeside life tends to be a tranquil experience. Lakes make for stable settings in which colors and the environment itself change with the seasons, but outlines and contours are shaped by land and water. At the same time, its role as "the heavens on earth", with its reflection of the moon, the sun and the clouds, seems to unravel the solid definition of the edges and replace it with a gentle sensation of motion.

The lake is a center and has all the power that corresponds to a center, which means that life takes place around it, depending on the characteristics of the shoreline. This extends to a range of different activities centered on exploring the lake and its wharves, docks, basins, pools, caves, trees and reeds, flowers, amphibians, fish, reptiles and birds. Sounds and colors become signals and reference points so we know where we are and where we want to go. The landscape is "tamed"; it is part of our lives.

Lakeside architecture echoes the lake's peacefulness and tranquility, and affords a perfect place for rest and contemplation. It is where we can find ourselves again. It is also where we can find water and all the leisure options it offers: swimming, skiing, rowing or opening up the sails to take in the silent wind. At night, the lake becomes a huge platform that stands firm, in spite of being a series of liquid, floating chants and aromas that remind us of the closeness of forest or jungle vegetation.

The ambience of lakeside homes is fed by the life and slow vitality of other relatively close homes and communities also located on the lake's shore. Here the architecture has another string to its bow, as it is part of a larger complex that is just the right distance away and boasts a harmony that is the envy of the big cities. Next to the lake we are reminded of our true size and are made all the more human by knowing we are part of this lakeside community.

El encuentro entre el lago y la tierra se da de diferentes maneras. A veces es preciso, con bordes firmes. En otro lugar fluye entre lotos, juncos y lirios que forman la frontera siempre húmeda, hogar de pájaros, peces y tortugas. Puede haber rocas contenedoras, árboles, arcilla o desembocaduras de cauces. Cada una de las casas define su manera de tocar al lago, según el significado que este tenga para sus habitantes: embarcaderos o muelles, balsas, andadores, caminos o plataformas para contemplar el paisaje, son algunas expresiones de ese significado.

The meeting between lake and land takes many guises. Sometimes it is precise with sharply defined edges. On other occasions it can blur into an expanse of lotuses, reeds and lilies providing an ever-damp division inhabited by birds, fish and tortoises. The boundary may also be marked by rocks, trees, clay or springs pouring into the lake. Each house finds its own form of expressing its neighborly status with the lake, in accordance with the meaning this has for its inhabitants, such as docks or wharves, ponds, walkways, paths or platforms for contemplating the landscape.

El estanque es un juego de ilusiones. La casa, sabiamente incorporada a su entorno y respaldada por la cortina de árboles, vibra invertida en el espejo del agua, junto con los juncos, los tallos y el pasto tierno. Es arquitectura de paisaje: un universo para contemplar y disfrutar en detalle.

The lake plays tricks on the eye. The house, which has been cleverly slotted into its surroundings with a curtain of trees as a background, ripples upside-down on the lake alongside the reeds, stalks and soft grass. This is landscape architecture: an entire universe to contemplate and enjoy to the full.

descubrir
discovering

Para definir los límites de la casa, la piedra, el barro y la madera, materiales naturales, son ahora gestos humanos.

Natural materials like stone, earth and wood become human gestures that define the house's limits.

En su propio provecho y también en provecho de la naturaleza, la arquitectura contemporánea inteligente echa mano de todos los recursos: materiales del lugar, orientación adecuada y energía solar, el agua de las lluvias, tratamiento de desechos. El lenguaje contemporáneo de esta casa, contrastando con la naturaleza, expresa esa preocupación.

Intelligent contemporary architecture turns to just about every resource available for its own benefit as well as that of nature. Such resources include local materials, the right orientation, solar power, rainwater and the treatment of waste. The contemporary tone of this house, which contrasts with the surrounding nature, voices this concern.

La piscina es como una pequeña porción del lago a la que se ha dado forma rectangular, asentándola sobre barro, entre flores y árboles. El lago, así seducido y tranquilo, se acerca para formar parte de la vida diaria: la arquitectura trabaja con metáforas para entender mejor a la naturaleza.

The swimming pool is a small piece of the lake arranged in the form of a rectangular and set down on the earth between the trees and flowers. The lake is quietly drawn in to play out its role in daily life while the architecture uses metaphors to provide a better understanding of nature.

Al descubierto, el lago invade y domina el espacio. Su luz y los colores degradados de los cerros alejan la mirada. Con el ritmo de las vigas en la techumbre y la pareja de columnas, la casa establece su propia atmósfera. El lago tiene una dimensión más humana y próxima.

The lake invades and takes control of the outdoor space. Its light and the toned down colors of the hills guide the observer's gaze towards the distance. The roof beams and the pair of columns help the house generate an ambience of its very own. The lake takes on a more human and less distant aspect.

La naturaleza es infinitamente compleja y aparentemente caótica. Su orden no se muestra inmediatamente a nuestra percepción. El propósito de la arquitectura natural es revelar ese orden aparentemente desordenado. Lo consigue con pisos, plataformas, paredes, puertas y ventanas. Cubiertas, luces y sombras. Con su propio orden, la arquitectura ordena al mundo.

Nature is infinitely complex and thrives on chaos. Its order is not apparent at first glance. The purpose of natural architecture is to reveal this apparently disorderly order, and manages to do so through floors, platforms, walls, doors and windows, roofs, lights and shadows. Architecture uses its own order to arrange the world.

montaña | mountain

"La mañana sacó a pasear todos sus árboles."

(Carlos Pellicer, Reincidencias)

Casas sumergidas en la montaña

Equivalentes a la mansión de los dioses, las montañas tienen en todas las culturas un poderoso significado simbólico. Las habitan leyendas y mitos que frecuentemente se remontan hasta el origen del mundo y de la humanidad. Hay montañas sagradas, lugares de encuentro entre hombres y divinidades; montañas que devoran cuerpos y almas, montañas que guardan tesoros inimaginables, otras que arrojan fuego o elevan su imponente masa hasta el techo mismo del firmamento.

Por todas partes, en innumerables montañas, encontramos antiquísimos restos de construcciones, pirámides, templos y palacios, construidos con un propósito religioso. El lenguaje de la montaña se parece mucho al de los dioses. Como el mar invita a navegar y el lago invita a pasear, la montaña nos convoca a subir, descubriendo senderos y escalando despeñaderos imposibles. Trepar la montaña es elevarse en el propio interior para obtener la recompensa: vencerse a uno mismo y alcanzar altos "divisaderos" y miradores espectaculares, que ponen al mundo a nuestros pies.

Para la arquitectura, la montaña representa un enorme reto que va más allá del esfuerzo requerido para transportar los materiales y los trabajadores necesarios. Se trata de un problema conceptual, de la manera en que se atiende al espíritu de la montaña: para hacerse uno con ella, integrándose a sus perfiles y a sus texturas reconociendo su dominio o contrastar con esos perfiles y esas texturas, para hacer notar la presencia humana.
La suavidad de las faldas, la inclinación de las laderas, la rugosa verticalidad de las crestas o la soledad de las cumbres son condiciones diferentes que piden a los arquitectos respuestas también diferentes. Para concebir una casa sobre la montaña se han de tener en cuenta tanto esas condiciones como las sorpresas que deparan los accesos quebrados, la maciza presencia de rocas intocables, arroyos ligeros, caídas de agua, barrancas y cuevas. Cuando son terrenos boscosos, los árboles altos huelen a centurias y configuran ambientes que emanan una energía virgen.

A todo esto debe ser sensible la arquitectura que, para ser habitable, necesita pisos obligadamente horizontales, opuestos a la verticalidad natural de la montaña. Ya que el contraste es inevitable, los arquitectos enfrentan una situación especialmente interesante. Su genio puede convertir en armonía esa aparente contradicción y hacer de la casa un lugar que vibre junto con la montaña, sometiéndose a ella y engrandeciéndola simultáneamente, al dar y recibir. Al comprender su lenguaje divino y traducirlo en un significado humano.

"The morning took the trees out for a walk."

(Carlos Pellicer, Reincidencias)

Homes immersed in the mountain

In every culture, mountains stand as mansions of the gods loaded with symbolic meaning. They are home to myths and legends that often date back to the very dawn of the world and humanity. Some mountains are sacred, meeting points between mortals and deities; there are also mountains that devour bodies and souls, or house treasures beyond our wildest dreams, while others spout fire or soar up into the underbelly of the firmament itself, eternally snow-capped.

Countless mountains everywhere harbor the remains of religious buildings, pyramids, temples and palaces from the darkest depths of time. The language of the mountain has much in common with that of the gods.
In the same way the sea entices people to sail on it or the lake invites visitors to go for a walk, the mountain dares us to go up to discover its paths and climb its impossible cliffs. Climbing a mountain means getting inside it to claim your reward; it also means overcoming yourself and reaching the most spectacular vantage points that lay the whole world out at your feet.

In architecture, the mountain is a huge challenge that goes way beyond the effort needed to transport the necessary materials and workers to the site. It is a conceptual problem centered on how the spirit of the mountain should be approached in order to become one with it, to merge into its contours and textures acknowledging its preeminence or to contrast with those contours and textures and allow human presence to stand out. The smoothness of its flanks, the angle of its slopes, the rugged verticality of its crests or the solitary majesty of its peaks are all different circumstances requiring different responses from architects. In order to conceive a house on a mountain it is essential to bear in mind these conditions and the surprises lying in wait on the jagged paths, the stern presence of untouchable rocks, streams, waterfalls, gullies and caves. When the mountain is covered by forest, the fragrance of the trees suggests centuries gone by and generates an ambience vibrant with virgin vitality.

Architecture needs to be sensitive to all this as, in order for it to be habitable, it will necessarily require horizontal floors offering a total departure from the natural verticality of the mountain. This inevitable contrast puts architects in a very interesting situation. Their genius can set this apparent contradiction in a context of harmony and turn the house into a place that resonates in harmony with the mountain, at the same time submitting to and exalting it, by giving and receiving, by understanding its divine language and translating it into human lexicon.

reunir
joining

Por la noche la montaña protege sus secretos de cualquier intruso. La casa es entonces una presencia viva pero callada.

At night the mountain hides its secrets from intruders making the house a living but silent witness.

Las formaciones rocosas, inclinadas según su propia voluntad, son la voz escarpada de la montaña; una voz cargada de leyendas y de espíritus ancestrales. La casa responde a esa voz con una firme serenidad, casi como una ofrenda a la milenaria existencia del perfil que se recorta en el cielo.

Rocky formations inclined at will are the mountain's rugged voice, echoing with legend and ancestral spirits. The house responds to this voice with an unshakeable tranquility, almost like an offering to the timeless presence of the contours cut out against the sky.

Las plataformas para desplantar las construcciones fueron un recurso habitual en la arquitectura prehispánica: los arquitectos mayas supieron hacerlo magistralmente. Las plataformas se despliegan y se suceden brindando perspectivas inesperadas, sorprendentes. Como lo hace esta casa, presentando diversas opciones para estar y haciendo desaparecer, por momentos, a la montaña misma.

In the pre-Columbine era, architectural platforms were often used for standing buildings on; the Mayans were true masters of this technique. Platforms were laid out one after the other to provide unexpected perspectives, as is the case with this house with its different spaces to spend time in and the way it makes the mountain vanish albeit for a few fleeting moments.

palpar
palpating

Aún teniendo cavernas protectoras, la montaña es abierta e inhóspita. Es impresionante el contraste con los espacios cerrados, confortables, íntimos.

Even with its protective caves, the mountain is open and inhospitable. The contrast with closed, comfortable and intimate spaces is notable.

intuir
intuition

La montaña, troceada en piedras, se convierte en piso y en muros. Un testimonio del uso inteligente de materiales naturales.

The mountain is broken up into stones to become the floor and the walls, thereby providing a good example of how natural materials should be used.

paisaje
landscape

Contrastando con la densa cortina de árboles, el juego provocado por las líneas horizontales acentúa el placer de la serenidad.

The interplay generated by horizontal lines provides a contrast with the thick curtain of trees and heightens our enjoyment of the tranquility of the place.

La riqueza de esta arquitectura está en la forma como se combinan y se relacionan los espacios, para ir generando diversas sensaciones. Al sucederse gradualmente, nos llevan de la exposición abierta a la naturaleza, a la serena pausa del patio, al paseo por la loggia, al silencio de la intimidad.

The true splendor of this architecture lies in the way the different spaces combine with and relate to each other in order to create different sensations. This takes the form of a gradual transition from open exposure to nature, through the peaceful patio and a walk around the loggia, to the silence of intimacy.

En esta casa la arquitectura se encuentra con la naturaleza mediante un ensamblaje directo. Como si fueran piezas separadas de un juego geométrico, la cubierta, los muros, la estructura metálica, los cristales y las columna, la chimenea y los mismos muebles, participan en una fiesta abrazando a los árboles y respetando su vida y su desarrollo. La apuesta es por una relación armónica con un lenguaje moderno, en el que están presentes tanto el confort y los materiales más sofisticados, como el reconocimiento al lugar y el culto al bosque.

The architecture in this house comes into direct contact with nature. The roof, walls, metal structure, windows, columns, the chimney and the very furniture reach out as if they were detachable parts of a geometric figure and touch the trees in celebration of their life and growth. The emphasis is on harmony based on a contemporary tone that includes comfort and the most sophisticated materials, as well as an acknowledgement of the setting and worship of the forest.

En la idea original se deslizó, probablemente, la nostalgia de la infancia lejana, felizmente refugiada en un cobertizo armado en los árboles. Envuelta en sus ramas y arriba de sus copas, esta casa obtiene un efecto espectacular, reciclando el agua de lluvia y aplicando los sabios principios de la bioconstrucción.

The original idea is most likely drawn from nostalgia for a distant infancy, happily wrapped up in a blanket woven by the trees. This house, embraced by the branches and rising above the treetops, achieves spectacular results by recycling rainwater and following the wise principles of bio-construction.

reposar
resting

Un muro es capaz de provocar y contener simultáneamente la mirada. Un sólo muro puede crear espacios de gran belleza.

A wall is capable of drawing looks and holding them. It can also create splendid spaces.

Estas cubiertas fueron diseñadas hábilmente a base de toldos o superficies tensadas. Evocan el ambiente de reposo de los campamentos, de las tiendas efímeras y ligeras que se arman y desarman con facilidad en las escalas de los viajes o en las excursiones por el bosque. Aquí contrastan cadenciosamente con los acabados finos, con puertas y ventanas definitivas, con los modos de vivir refinados y confortables. Las cabañas, desplegadas y posadas por la ladera de la montaña, son también un homenaje a la ligereza y al vuelo de las mariposas.

These roofs were skillfully designed using canopies or other types of coverings pulled tight. They bring to mind the restful setting of campsites with their temporary and light tents that are easily put up and taken down on trips to the forest. They stand in contrast to the fine finishes, well-defined doors and windows and the refined and comfortable lifestyle of the house. Cabins erected on the side of the mountain are also a tribute to the lightness and flight of butterflies.

créditos | credits

6-7 Javier Sordo Madaleno • Humberto Mendoza Ramírez 8 Marco Aldaco 9 _ 10-11 Daniel Álvarez 13 Marco Aldaco 14-15 Javier Sordo Madaleno • Humberto Mendoza Ramírez 16-17 Manuel Mestre 18-19 Gian Franco Brignone 21 José Pintado 22-29 Fernando de Haro L. • Jesús Fernández S. • Omar Fuentes E. • Bertha Figueroa P. 30-31 _ 32-37 Manuel Mestre 38-43 Genaro Nieto Ituarte 44-45 José Pintado 47 _ 48-55 Fernando de Haro L • Jesús Fernández S. • Omar Fuentes E. • Bertha Figueroa P. 56-59 Marco Aldaco 60-63 Carlos Herrera Massieu 64-69 Fernando de Haro L. • Jesús Fernández S. • Omar Fuentes E. • Bertha Figueroa P. 70-71 Santiago Aspe 72-73 _ 74-77 Enrique Zozaya 78-83 Alfonso López Baz • Javier Calleja • Antonio Artigas 84-87 _ 88-93 Enrique Zozaya 94-95 Gian Franco Brignone 96-107 Fernando de Haro L. • Jesús Fernández S. • Omar Fuentes E. • Bertha Figueroa P. 108-111 Mario Lazo 112-113 _ 114-121 Fernando de Haro L. • Jesús Fernández S. • Omar Fuentes E. • Bertha Figueroa P. 122-129 Manuel Mestre 130-139 Fernando de Haro L. • Jesús Fernández S. • Omar Fuentes E. • Bertha Figueroa P. 140 Genaro Nieto Ituarte 142-146 Fernando de Haro L. • Jesús Fernández S. • Omar Fuentes E. • Bertha Figueroa P. 147 Gina Parlange Pizarro 148-155 Fernando de Haro L. • Jesús Fernández S. • Omar Fuentes E. • Bertha Figueroa P. 156-159 Francisco Guzmán Giraud 160-163 Fernando de Haro L. • Jesús Fernández S. • Omar Fuentes E. • Bertha Figueroa P. 164-165 José de Yturbe Bernal 166-169 Fernando de Haro L. • Jesús Fernández S. • Omar Fuentes E. • Bertha Figueroa P. 170-175 Francisco Guzmán Giraud 176-177 Federico Gómez Crespo G.B. • Waldemar Franco Sol 179 Mariangel Álvarez • Covadonga Hernández 180-187 Daniel Álvarez 188-191 Marco Rocha 192-197 Manuel Mestre 198-209 Daniel Álvarez 210-213 José de Yturbe Bernal 214-217 Félix Blanco Martínez 218-223 José Antonio Madrid 224-227 Daniel Álvarez 228-233 Federico Gómez Crespo G.B. • Waldemar Franco Sol 238-239 José Pintado.

fotógrafos | photographers

Michael Calderwood	Portada, 8, 9, 13,16 - 19, 21, 30 - 37, 44 - 45, 47 - 63, 68 - 77, 88 - 97, 100, 108 - 113, 122 - 137,142 - 146, 148 - 155, 160 - 161, 163, 166 - 169, 192 - 197, 206 - 209, 238 - 239.
Lourdes Legorreta	6 - 7, 139, 164 - 165.
Paul Czitrom	10 - 11, 180 - 187, 198 - 205, 224 - 227.
Sebastián Saldívar	14 - 15, 24 - 29.
Héctor Velasco Facio	22, 38 - 43, 64 - 67, 98 - 99, 101, 140, 162, 170 - 175, 179.
Mark Callanan	78 - 87, 102 - 107, 114 - 121.
Jaime Navarro	147.
Maricarmen Villanueva	156 - 159.
Alfonso de Béjar	176 - 177, 228, 233.
Luis Gordoa	188 - 191, 214 - 217.
Fernando Cordero	210 - 213, 218 - 223.

Editado en Mayo de 2009. Impreso en China. El cuidado de edición estuvo a cargo de AM Editores S.A. de C.V.

Edited in May 2009. Printed in China. Published by AM Editores S.A. de C.V.